我最爱吃的鸡鸭肉

贺师傅教你严选食材做好菜 广受欢迎的各种食材料理

曹志杰 ◎ 著

译林出版社

图书在版编目(CIP)数据

我最爱吃的鸡鸭肉 / 曹志杰著 . —— 南京 ：译林出版社，2015.3
（贺师傅幸福厨房系列）
ISBN 978-7-5447-5289-3

Ⅰ．①我… Ⅱ．①曹… Ⅲ．①荤菜－菜谱
Ⅳ．① TS972.1

中国版本图书馆 CIP 数据核字 (2015) 第 039915 号

书　　名	**我最爱吃的鸡鸭肉**	
作　　者	曹志杰	
责任编辑	陆元昶	
特约编辑	曹会贤	
出版发行	凤凰出版传媒股份有限公司	
	译林出版社	
出版社地址	南京市湖南路1号A楼，邮编：210009	
电子信箱	yilin@yilin.com	
出版社网址	http://www.yilin.com	
印　　刷	北京京都六环印刷厂	
开　　本	710×1000毫米　　1/16	
印　　张	8	
字　　数	54千字	
版　　次	2015年4月第1版　　2015年4月第1次印刷	
书　　号	ISBN 978-7-5447-5289-3	
定　　价	25.00元	

目 录

CONTENTS

好吃解馋 的鸡鸭 **主食**

滋补暖身 的鸡鸭 **汤煲**

豉汁炒鸡翅球

鸡翅抽出骨头后的肉质收缩变成球状，遇热后鸡皮也变得焦脆。

鸡鸭肉处理
独门诀窍早知道

每逢重大节日或者亲友相聚，鸡鸭肉总是会出现在餐桌上，
其富含的多种矿物质及维生素、蛋白质等，可补益气血、滋补养身，
尤其是秋冬季，一碗热腾腾的母鸡汤或者老鸭汤，
就是一份暖身暖心的绝佳享受！
而烹饪时，如果掌握了一些独家处理小窍门，
不仅做菜时能够事半功倍，做出的菜也会风味独具哦！

鸭肉的处理方法与鸡肉大致相同

1. 巧切鸡鸭肉片

a. 用刀背在肉表面先顺着后逆着肉纹拍薄，可将肉筋拍松，使肉片遇热不收缩。

b. 切肉片时，顺着肉纤维切，既容易切断，又不易破碎。

2. 轻松剔出鸡腿骨

a. 先用刀将鸡腿两端多余的表皮和肉筋切断。

b. 然后沿着鸡腿大骨纵向剖开。

c. 再切断鸡腿肉与鸡骨连接的肉筋，拽住鸡骨将皮和肉整片拉下来即可。

3. 轻松去除鸡翅上的毛

a. 鸡翅冲洗干净，擦干，放在火上稍微烤一下。

b. 用手搓一搓，鸡鸭翅上大部分的毛就去掉了。

c. 用镊子将剩余的毛拔掉，再用清水冲洗干净即可。

4. 鸡胗去腥小妙招

a. 撕去鸡胗表面的油污和筋膜。

b. 将鸡胗剖开，洗去内部的消化物和杂质，撕去一层黄色筋膜（即鸡内金）。

c. 将处理好的鸡胗洗净，用料酒和花椒浸泡 2 小时，即可去除腥味。

5. 鸡脖处理小事项

a. 将鸡脖放入开水锅煮 2 分钟，使表皮定型。

b. 剔除鸡脖上的淋巴块，洗净即可。

6. 鸭肉去腥小秘诀一二三

a. 先用半个柠檬果肉和汁给鸭肉做个约 5 分钟的柠檬浴，再干锅翻炒，即可去除腥味。

b. 先去除鸭尾部两端猪肝色的臊豆，再用洗米水浸泡半小时，就可去除鸭肉腥臊味了。

c. 用料酒、生姜、大葱、胡椒粉、食盐等调成调味汁，浸入鸭肉，小火慢煨 1 小时，也可以去除腥味。

• 书中计量单位换算

1小勺盐≈3g
1小勺糖≈2g
1小勺淀粉≈1g
1小勺香油≈2g
1小勺酵母粉≈2g

1大勺淀粉≈5g
1大勺酱油≈8g
1大勺醋≈6g
1大勺蚝油≈14g
1大勺料酒≈6g

1大勺标准（平勺）✓

✗

1碗标准

1碗水≈250ml
1碗面粉≈150g

鸡鸭肉
如何烹饪**才**好吃

鸡肉富含维生素 C、E 及蛋白质等，可补肾益精、益气养血、温中补脾，
白斩、清蒸、热炒、红烧、熬汤等均可；
鸭肉富含 B 族维生素和维生素 E，
以及脂肪酸、钾等，可养胃补肾、消水肿、止痰化咳，
制作成烤鸭、酱鸭、盐水鸭等，口味也十分出众。
那么怎么做才能使其吃起来香嫩爽口、滋味鲜美呢？
让我们来看一下鸡鸭肉的烹饪小窍门吧！

鸡肉

1 烹制前将鸡肉放在盐水里浸泡一下，可以保住鸡肉高达 80% 的汁液，加快煮烂的速度。

2 炖制鸡肉时，将其放入掺有 1/5 啤酒的水中浸泡半小时，可使炖鸡嫩滑爽口。

3 烹制老鸡时，先用凉水加少量醋浸泡 2 小时，再用小火慢炖，肉质即会变得软嫩可口。

4 在炖煮老母鸡时，加几颗红枣、山楂，或者党参、沙参，可以使其味道更加鲜香美味。

鸭肉

1 烧制鸭肉时，把鸭子尾端两侧的臊豆去掉，味道会更加鲜美。

2 烹制老鸭时，先用凉水加少量醋浸泡 2 小时，再用小火慢炖，肉易烂，肉质也会变得香嫩可口。

3 炖制老鸭时，取猪胰 1 块切碎同煮，或者加几片火腿肉、腊肉，或者放几个田螺，不仅可将其煮得酥烂，还可增加鸭肉的鲜香和汤汁的鲜美味道。

4 在鸭汤中加少许鸭血，会使厚油浓汤转清。

家人最爱
的鸡鸭 菜肴

三杯鸡、口水鸡、大盘鸡……

酱爆鸭、啤酒鸭、烧烤鸭……

道道香醇经典、全家喜爱的鸡鸭盛宴，

就要上桌啦！

台湾三杯鸡

草菇所含的异种蛋白质，有助于消灭癌细胞。

草菇蒸鸡

川味·宫保鸡丁

材料： 鸡腿1只、葱白2段、姜1块、大蒜5瓣、干红辣椒2个、花椒2小勺、炸花生2大勺

调料： 盐0.5小勺、白糖3大勺、米醋5大勺、生抽1大勺、水淀粉1大勺、油3大勺

腌料： 料酒2大勺、生抽0.5大勺、干淀粉1大勺

🍳 中级难度 　 ⏱ 20分钟 　 🍜 3人份

川味宫保鸡丁怎么做才会滑嫩香麻？

大火热油煸炒，鸡丁口感就能保持嫩滑。此外，以小火煸炒出花椒、干辣椒的香味（此步骤是香麻味的关键，火太大香辛料会发苦），再加以调味、勾芡，最后再放入花生，口感才能层次分明。

制作方法

1 鸡腿洗净后，一切为二，沿骨头划开一刀，看到骨头后，沿大骨向下切，分开骨肉，剔除骨头，即为一张完整的鸡腿肉。

2 将鸡腿肉切成1cm宽的小丁块，加腌料，抓匀，腌制10分钟。

3 葱切成1cm宽的葱段；姜、蒜去皮，切末，备用。

4 将盐、白糖、米醋、生抽、水淀粉调成料汁，备用。

5 用剪刀将干红辣椒剪成小段，放入冷水浸泡2分钟。

6 锅中烧热2大勺油，放入鸡丁，大火炒至颜色发白，盛出，备用。

7 锅中加1大勺油，依次放入花椒、干红辣椒、姜蒜末，煸炒出香。

8 再放入鸡丁，中火翻炒均匀；放入葱段，翻炒10秒钟。

9 倒入做法4中调好的料汁；大火翻炒1分钟后，倒入炸花生米，翻炒均匀，香辣滑嫩的宫保鸡丁就OK了。

🍲 中级难度　⏱ 20分钟　🥢 2人份

铁扒鸡翅

材料： 葱白1段、姜1块、鸡翅1斤、八角2颗

调料： 油5大勺、冰糖2大勺、蚝油1大勺、生抽1大勺、老抽1大勺、料酒2大勺、盐1小勺

铁扒鸡翅怎么做才会鲜嫩滑口？

做铁扒鸡翅前，先把鸡翅略微煎熟，使鸡翅表面的油脂融化，煎至表皮酥香、鸡肉不腻。烧鸡翅时，要将酱油沿锅边淋入锅内，以去除酱油中的豆腥味，使味道更加鲜美，最后以大火收汁，酱香更入味。

> 鸡肉可活血益气、暖胃健脾，是日常生活中的食补佳品。
> 鸡肉热量低、蛋白质含量丰富，极易被人体吸收，
> 对于饮食不均衡而导致肠胃负担太重的我们来说，
> 易消化的鸡肉真是再好不过的食物了。

制作方法

1 葱白洗净，切片；生姜洗净，切片。

2 鸡翅洗净，用刀沿鸡翅纹理划开小口，方便入味。

3 锅中加水煮沸，放入鸡翅焯水，去除杂质后捞出、滗干。

4 炒锅中倒入5大勺油，开小火将鸡翅放入，煎至两面金黄，盛出。

5 锅内留少许油，放入冰糖，小火炒至冰糖融化，再下入葱姜片炒香。

撤离火源可以避免煳锅

6 倒入鸡翅，翻炒至鸡翅裹匀糖色。

7 鸡翅上色后，沿锅边倒入蚝油、生抽、老抽、料酒，并不断翻动。

8 然后放入八角，倒入适量开水，使锅内汤汁刚刚漫过鸡翅，开大火煮沸。

9 接着转中小火烧制鸡翅，烧至汤汁黏稠；最后加1小勺盐调味即可。

可乐鸡翅

材料： 鸡翅10个、姜4片、白芝麻1大勺

调料： 老抽1大勺、可乐1瓶（约550ml）、盐1小勺

❶ 用镊子将鸡翅上残留的毛去除，再清洗干净。

❷ 将鸡翅两面分别划2道深至骨头的口子，方便入味。

❸ 煮锅加水，大火煮开，下入姜片、鸡翅，焯烫1分钟，撇去浮沫，捞出。

❹ 炒锅预热，转中火下入鸡翅，干锅翻炒，使鸡翅表皮变酥。

❺ 炒至鸡翅略微变色后，倒入1大勺老抽，使鸡翅裹匀上色。

❻ 待鸡翅完全上色后，倒入可乐，没过鸡翅，转大火煮沸。

❼ 加盖，转小火，慢慢地将鸡翅炖煮入味。

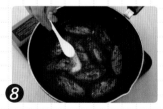

❽ 炖至汤汁还剩1/3的时候，加入1小勺盐，转大火收汁。

❾ 盛出，装盘，撒入白芝麻，即可享用。

鸡翅含有大量可强健血管及皮肤的弹性蛋白等，
对于血管、皮肤及内脏颇具效果；而其中含有大量的维生素 A，
远超过青椒，对视力、上皮组织及骨骼的发育有很大裨益。

中级难度　　15分钟　　2人份

鸡翅富含脂肪，能提供人体必需的脂肪酸，
促进脂溶性维生素的吸收，增加饱腹感；
还含有铜元素，对于血液、中枢神经和免疫系统有重要影响，
同时其中的蛋白质还具有维持钾钠平衡的功效，有利于生长发育。

初级难度　30分钟　2人份

秘制鸡翅根

材料： 香葱1根、姜1块、鸡翅根1斤、白芝麻1小勺

调料： 料酒2大勺、油2大勺、白糖3大勺、八角2颗、生抽1大勺、开水2碗、盐1小勺

鸡翅根怎么做才色泽红亮、鲜嫩入味？

要想鸡翅根的颜色烧得漂亮，引起食欲，则必须炒糖上色。炒糖色时，要用小火慢炒，并不停搅拌，避免将白糖炒煳，产生苦味；融化的糖汁容易溅出伤人，因此，鸡翅根焯水后，必须滗干后，才能放入锅中沾裹糖色。

制作方法

1 香葱洗净，切段；姜洗净、去皮，切片，备用。

2 鸡翅根洗净，用叉子在表面扎出小孔，方便鸡翅根入味。

3 将鸡翅根放入冷水中，大火加热，加1大勺料酒，焯烫3分钟，捞出、滗干。

4 锅内加2大勺油，放入葱段、姜片，小火炒出香味后，撇出葱姜不用。

5 放入白糖，用中小火不停搅拌，炒至白糖融化，呈深褐色。

6 然后放入鸡翅根，快速翻炒，使鸡翅根均匀沾裹糖色。

7 接着放入八角，淋入其余料酒、生抽，翻炒均匀。

8 加入开水，没过鸡翅，大火烧开后，转小火，煮至汤汁收干。

9 之后加盐拌匀，盛出，撒上白芝麻，即可享用。

麻香口水鸡

材料： 三黄鸡1只、葱1段、姜1块、大蒜 5瓣、香葱1根、八角1颗、花椒3小勺、
香叶2片、冰水1盆、熟白芝麻 2小勺、 熟花生碎 1大勺

红油料： 香油5大勺、辣椒粉 4大勺

调味汁： 白砂糖 2小勺、香醋 2大勺、生抽 2大勺、麻椒油2小勺

🍲 中级难度　　🕐 45分钟　　🍚 2人份

口水鸡怎么做才鲜嫩多汁、麻香爽口？

鸡煮五成熟后，要关火在锅中继续焖熟，这样肉质才鲜嫩多汁。用筷子将肉质最厚的部位戳透，没有血水流出时，就代表肉熟了。用热油炝香辣椒粉，是制作麻辣红油的关键，这样淋在鸡肉上才会麻香四溢。

制作方法

1 三黄鸡洗净、去内脏，用清水反复冲洗干净。

2 葱洗净，切成4cm宽的小段；姜洗净，切成姜片和姜末；大蒜去皮，切碎；香葱洗净，切成花。

3 锅中加水，放入部分葱白、姜片和八角、花椒、香叶，大火煮沸，放入整鸡，煮10分钟后关火，加盖焖30分钟，捞出。

4 将鸡迅速放入冰水中，冰镇15分钟，冰镇可以让鸡皮变得爽滑，鸡肉变得更紧实、好吃。

5 锅中倒香油，放入葱、姜、花椒，中火烧至七成热，关火，静置1分钟，撇除葱、姜、花椒。

6 将热油倒入盛有辣椒粉的小碗中，静置5分钟，滗出红油，制成"麻辣红油"。

7 用擀面杖将熟白芝麻和熟花生碎碾碎、混合，使芝麻和花生的香味更浓。

8 将麻辣红油、姜末、蒜茸、香葱花、熟白芝麻、花生碎和调味汁拌匀。

9 将鸡去骨、斩成3cm宽的鸡块，放入盘中，淋上调味汁即可。

中级难度 · 50 分钟 · 4 人份

椒麻鸡

材料： 花椒5大勺、三黄鸡1只、香葱1根

调料： 盐4大勺、黄酒1大勺、糖1小勺、醋1小勺、生抽2小勺、香油1小勺、盐1小勺

椒麻鸡怎么做才麻香可口？

椒麻鸡的重点在椒麻汁上，可以将熟花椒、葱、盐放在案板上，边剁细边加少许香油，剁好后盛入碗内，加酱油、香油调成椒麻汁，淋在鸡块上。这种调味汁，用生花椒慢慢剁碎，才能有独特的椒麻风味。

> 鸡肉含有维生素 C、E 等，蛋白质的含量比例较高，
> 种类多，而且消化率高，
> 很容易被人体吸收利用，有增强体力的作用，
> 其含有的磷脂类，还是中国人膳食结构中脂肪和磷脂的重要来源之一。

制作方法

❶ 花椒全部碾碎，取一半入锅，加盐一起翻炒，盐略微发黄后，关火、盛出，即为花椒盐。

❷ 将三黄鸡的鸡翅、鸡腿、鸡架骨、鸡屁股分别切下。

❸ 将切好的鸡肉洗净，在鸡肉表面抹上一层花椒盐。

❹ 接着用保鲜膜密封，放入冰箱冷藏一夜后，将鸡肉取出，洗去表面的花椒盐。

❺ 往鸡肉表面淋上黄酒。

❻ 将淋过黄酒的鸡肉放入蒸锅，大火蒸30分钟。

❼ 蒸好的鸡放凉，剁成2cm宽的块状，装盘备用。

❽ 接着把香葱洗净，切成碎末。

❾ 花椒放入锅中干炒至香，碾碎后，加糖、醋、生抽、香油和1小勺盐，淋入鸡块，撒上香葱即可。

三黄鸡肉质嫩滑，皮脆骨软，所含的蛋白质质量较高，脂肪含量低，氨基酸含量高，且都是人体必需的氨基酸，容易被人体消化吸收。
三黄鸡还是磷、铁、铜与锌的良好来源，
并且富含多种维生素，是补血养身的佳品。

中级难度　50分钟　3人份

四川怪味鸡

材料： 香葱5根、姜1块、蒜5瓣、三黄鸡1只、青笋1根、白芝麻1小勺、花生米2大勺、豆苗1把

调料： 芝麻酱2大勺、香油2小勺、生抽1大勺、糖1小勺、花椒油1小勺、辣椒油1小勺

怪味鸡怎么做才会肉嫩不腻?

煮鸡时用小火焖煮的方式，出锅后马上用冷水冲凉并浸泡，这能够使鸡肉保持嫩度，而鸡皮脆而不干，吃起来嫩而不腻，保持爽口度。如果家里有冰块，直接用放了冰块的冰水来处理，那效果就更棒了。

制作方法

❶ 香葱洗净、去根，打成葱结；姜洗净，切成片；蒜去皮，切成碎末。

❷ 三黄鸡用清水洗净；把鸡放入煮锅，加入清水，没过鸡身。

❸ 放姜片、葱结和料酒，大火烧开后，转为小火，焖煮30分钟。关火后，将鸡捞出，用水冲凉。

❹ 青笋去皮、洗净，切成细丝；锅中加水，大火煮沸，分别放入青笋丝，焯烫，捞出、滗干水分。

❺ 炒锅烧热，放入白芝麻，转成小火焙熟。

❻ 炒锅加入2大勺油，大火烧至六成热，放入花生米炒熟；盛出，压成花生碎。

❼ 芝麻酱中加入香油、生抽、糖、花椒油、辣椒油、蒜末，搅拌均匀，做成料汁。

❽ 将鸡切成2cm宽的块，整齐摆在青笋丝上，放入豆苗。

❾ 最后，淋上料汁，撒上花生碎，即可食用。

台湾三杯鸡

材料： 姜1大块、洋葱半个、干辣椒1根、大蒜6瓣、九层塔3根、鸡腿2只

调料： 香油5大勺、米酒7大勺、酱油7大勺、盐2小勺、糖2小勺

制作方法

❶ 姜洗净，切片；洋葱洗净，切2cm的片；干辣椒洗净，切段；大蒜去皮、洗净。

❷ 九层塔择除茎秆、洗净。

❸ 鸡腿洗净，剁成大小均匀的鸡块。

三杯即指香油1杯、米酒1杯、酱油1杯，如怕油腻，可减少油量

❹ 锅中加水煮开，放入鸡腿肉焯烫、捞出、滗干，备用。

❺ 炒锅加香油，加入蒜瓣、姜丝、干红辣椒、洋葱片，中小火煸香。

❻ 煸出香味后，将鸡腿块倒入，大火翻炒至鸡肉出油。

❼ 接着倒入米酒、酱油、盐、糖，翻炒均匀。

❽ 盖上锅盖，小火煮15分钟，直到汤汁收干。

❾ 最后撒入九层塔，略为翻炒，即可出锅。

"逢九一只鸡，来年好身体"的谚语，
是说冬季人体对能量与营养的需求较多，经常吃鸡进行滋补，
不仅能有效地抵御寒冷，而且可以为来年的健康打下坚实的基础。

新疆大盘鸡

材料： 土豆1个、青椒半个、红椒半个、洋葱半个、姜1块、蒜半头、干红辣椒10根、三黄鸡1只、花椒2小勺、八角2颗、桂皮1片、啤酒1碗、开水5碗

调料： 料酒2大勺、油4大勺、郫县豆瓣酱1大勺、番茄酱1大勺、糖1大勺、盐1小勺

🍲 高级难度　⏱ 45分钟　🥢 2人份

大盘鸡怎么做内质更鲜美、细嫩?

炖鸡肉时，用啤酒调味，可以使鸡肉更鲜美细嫩。啤酒易挥发，因此要多添加一些，啤酒挥发后，会留下浓浓的麦香，为菜肴增添风味。正宗的大盘鸡，盘底会铺上宽面条，用肉汤拌面，非常好吃。

制作方法

1 土豆削皮，切成滚刀块；青椒、红椒均洗净，切片；洋葱去皮、洗净，切片。

2 姜去皮，切片；蒜去皮，对半切开；干红辣椒洗净、剪成小段。

3 三黄鸡去内脏、洗净，剁成4cm大小的块状。

4 锅里加水烧开，放姜片、鸡肉和1大勺料酒，焯烫至鸡肉变色，撇去浮沫，捞出鸡块。

5 炒锅加油烧热，下入花椒、八角、桂皮、蒜瓣、干红辣椒，小火炸香，再放入郫县豆瓣酱、番茄酱，炒出红油。

6 然后下入鸡块、糖和其余料酒，转大火，翻炒1分钟。

7 倒入啤酒和开水，没过鸡块，大火烧开后，转小火，煮至剩1/3汤时，放入土豆，炖15分钟。

8 待汤汁快收干时，放入青椒、洋葱，翻炒2分钟。

9 最后，加盐调味，搅拌均匀，即可出锅。

山城辣子鸡

材料： 鸡腿1只、姜1块、葱1根、干红辣椒1碗、花椒2小勺、白芝麻1小勺、香葱段1大勺

调料： 料酒1大勺、白胡椒粉1小勺、盐1小勺、淀粉2大勺、食用油2碗、糖1小勺、香油1小勺、酱油1小勺

🍲 中级难度　⏱ 20 分钟　🍽 2 人份

辣子鸡怎么炒才会辣香酥脆？

腌鸡丁时要将盐一次加足，后续如果再加盐，咸味只会停留在表面而渗入不到肉里；将鸡丁炸两次，会使鸡丁口感更酥脆、焦香；如果喜欢吃麻辣口味，可以多加麻椒、干辣椒炒香，从而使麻辣味更浓。

制作方法

1 鸡腿洗净、剔除骨头，切成2cm的小丁，备用。

2 姜去皮，分别切成姜片和姜丝；大葱洗净，分别切成葱片和葱丝；干红辣椒洗净、去蒂、剪成小段。

3 往切好的鸡块中加葱姜丝、料酒、白胡椒粉、盐，抓匀，腌制10分钟。

六成热时，用筷子插到里面会冒泡

4 鸡块腌好后，加淀粉抓匀，准备炸制。

5 锅内加2碗油，烧至六成热时，下入鸡块，中火炸至鸡块定型、熟透，捞出。

6 接着改大火，油温升高后，重新放入鸡块，复炸至表面金黄，捞出，滗油。

7 锅内留2大勺底油，小火爆香花椒，再入葱姜片、干红辣椒，煸炒出香。

8 再放入炸好的鸡块，加糖、香油、酱油调味，转大火，翻炒1分钟。

9 最后，撒入白芝麻、香葱段，翻炒均匀，即可出锅。

 高级难度 ⏱ 45分钟 🍚 1人份

豉椒鸡丁

材料： 杭椒6根、小红辣椒5根、大葱1段、蒜4瓣、鸡腿1只、豆豉1大勺

调料： 酱油1小勺、料酒1大勺、淀粉1大勺、油2碗、盐1小勺、糖1小勺、香油1小勺

豉椒鸡丁怎么炒才能口感香脆？

要想豉椒鸡丁炒得辣香入味，要先将豆豉、辣椒逐一炒透，先炒出豆豉香味，去除豆腥味，再放入蒜片、辣椒，炒出辣香味，如此才能使香辣味深入鸡丁，使其入味，吃起来才会香辣过瘾。

鸡肉富含钾硫酸氨基酸，可以弥补牛肉和猪肉的不足，
同时所含的维生素 A 很多，易被人体吸收利用；
它的磷脂类物质对人体的生长发育有促进作用，益气补精、消除寒气。

制作方法

1 杭椒、小红辣椒均洗净、去蒂，切成1cm的丁。

2 大葱去皮、洗净，切片；大蒜去皮，切成蒜片。

3 鸡腿剔骨，切丁，加入酱油和料酒抓匀，腌制30分钟。

4 腌好的鸡丁中加入1大勺淀粉，用手抓匀。

七成热时，油面略微冒烟

5 锅中倒入2碗油，中火烧至七成热，下入鸡丁，炸至金黄色，捞出。

6 炒锅中加2大勺油，下入豆豉，中火炒香，再放入蒜片爆出香味。

辣椒要炒透、炒香才入味

7 然后倒入杭椒、小红辣椒，转大火，炒至辣椒熟透。

8 再放入炸好的鸡丁，翻炒1分钟，加盐、糖调味，翻炒均匀。

9 最后，淋入1小勺香油拌匀，即可出锅。

咖喱鸡块

材料： 胡萝卜半根、土豆1个、洋葱1/4个、香葱1根、鸡腿1只、开水2碗、咖喱2块

调料： 油4大勺、盐1小勺

制作方法

1 胡萝卜、土豆均去皮、洗净，切成滚刀块，备用。

2 洋葱去皮，切丁；香葱去根、洗净，切成香葱末。

3 鸡腿剁成2cm的块、洗净，备用。

4 煮锅中加水，大火煮沸，放入鸡块焯烫，去除血水，捞出，备用。

5 炒锅加2大勺油，中火烧热，下入胡萝卜和土豆，煸炒2分钟，盛出。

6 炒锅重新加2大勺油，放入洋葱丁，小火炒至边缘微焦，香味飘出。

7 再放入鸡块，转中火翻炒2分钟，倒入开水、咖喱块、盐，炖20分钟。

8 再放入胡萝卜、土豆块，炖至汤汁浓稠。

9 最后，撒入香葱末即可。

> 煮鸡肉的时间不宜太长，不然鸡肉容易煮老，
> 故要先将土豆和胡萝卜略微煎炒，这样不仅加速食材成熟，
> 还能使胡萝卜素遇油释放，之后再与鸡肉入锅炖煮。

高级难度　　45分钟　　3人份

"
鸡翅的胶原蛋白含量最丰富，
含有大量可强健血管和皮肤的胶原蛋白和弹性蛋白等，
能增强皮肤弹性，保持皮肤光泽，对于血管及内脏都颇具效果。
另外它含有的维生素 A 对视力、生长及骨骼发育都是必需的。
"

中级难度　25分钟　2人份

豉汁炒鸡翅球

材料：鸡翅中1斤、蛋清1份、红椒1个、绿椒1个、葱白1段、姜1块、蒜3瓣

调料：老抽1小勺、生抽1大勺、白胡椒粉1小勺、水淀粉3大勺、油6大勺、料酒1大勺

豉汁炒鸡翅球怎么做才外焦里嫩?

抽出骨头后的鸡翅用油煎过,遇热后肉质收缩变成球状,鸡皮也变得焦脆。为了保持鸡肉鲜嫩,需用大火快炒,所以预先调制好芡汁,可缩短调味时间,保持不会过火,淋完芡汁后,酱汁也会均匀裹在鸡肉上。

制作方法

1 鸡翅洗净、滗干,将两端骨头关节处切断,使骨肉分离。

2 然后拉住鸡骨头,将鸡骨拽出,留下鸡肉备用。

3 鸡肉中加入蛋清、1大勺水淀粉拌匀,上浆备用。

4 红椒、绿椒均洗净,切成小块;葱姜蒜去皮、切片。

5 将老抽、生抽、白胡椒粉和其余水淀粉拌匀,做成芡汁。

6 炒锅烧热,倒入6大勺油,烧至6成热,下入鸡翅球,煎2分钟后,捞出、滗油。

7 锅中留少许油,放入葱姜蒜爆香,然后放入红绿椒翻炒。

8 接着放入鸡翅球,加入料酒,大火爆炒。

9 最后,淋入芡汁勾芡,即可出锅。

🍲 中级难度　⏱ 50 分钟　🥢 2 人份

鲜蘑焖鸡砂锅煲

材料： 鲜蘑8个、小红辣椒3根、青尖椒1根、嫩鸡半只、香葱末1小勺

调料： 油2大勺、料酒1大勺、生抽大勺、冰糖4块、盐2小勺、葱半根、姜1块

鲜蘑焖鸡砂锅煲怎么做才鲜香入味?

此砂锅煲应用了炒和炖两种烹调手法，既有煸炒的香又不失炖的嫩滑。鸡肉煸炒时一定要小火慢慢炒至表皮出油，这样炖出来的肉更香。鲜蘑焯水也不可省略，去除了土腥味，才能更好吸收肉香。

32

> 作为一种高蛋白、低脂肪的营养保健食品，
> 鲜蘑能促进人体对食物中营养成分的吸收。
> 所以，鲜蘑搭配鸡肉不仅滋味鲜美，更有助于人体吸收补充鸡肉中
> 蛋白质等多种营养成分，帮助增强体力、强壮身体。

制作方法

❶ 鲜蘑洗净；小红辣椒洗净，切成斜段；青尖椒洗净、去籽，切圈，备用。

❷ 鸡洗净，去除内脏后，剁成小块。

❸ 然后用温水清洗几遍，去除鸡肉中的血水。

❹ 起锅热油，用小火慢慢煸炒鸡块，直至鸡肉出油。

❺ 然后倒入料酒、生抽、冰糖、盐，翻炒1分钟，使鸡肉表面均匀上色。

❻ 接着放入鲜蘑，翻炒均匀。

❼ 然后加入半碗热水，大火烧开。

❽ 将葱段和姜片铺在砂锅底部，再将烧开的鸡肉和鲜蘑倒入砂锅。

❾ 砂锅用小火炖20分钟，出锅前撒入红绿辣椒和香葱末，焖1分钟即可。

新奥尔良烤翅

材料： 鸡翅中7个

调料： 奥尔良烤料5大勺、蜂蜜2大勺、清水1碗、白芝麻2大勺

制作方法

① 鸡翅中洗净，用牙签在鸡翅上扎孔，控干水分，备用。

② 奥尔良烤料与水按1:1的比例调匀，放入鸡翅，使每块鸡翅均匀沾裹腌料。

③ 包裹保鲜膜，放入冰箱，腌制1小时，使其充分入味。

④ 蜂蜜与水按1:1的比例调成蜂蜜水；烤盘铺锡箔纸，在锡箔纸上刷油，放入鸡翅。

⑤ 将烤箱调至200度预热8分钟；在鸡翅上刷蜂蜜水，放入烤箱烤15分钟。

⑥ 将鸡翅翻面，再次刷蜂蜜水，烤10分钟，撒上白芝麻即可。

新奥尔良烤翅怎么烤才能香酥鲜嫩？

烤制鸡翅时，在鸡翅表面扎孔，腌制10小时以上，可更好地入味。刷上蜂蜜水，既可上色，使鸡皮甜脆酥嫩，亦可使烤制好的鸡翅色泽更加诱人。

初级难度　40分钟　1人份

鸡酥丸子

材料： 鸡胸肉1块、鲜香菇4朵、葱末1大勺、姜末1大勺、香菜1根
腌料： 料酒1大勺、生抽1大勺、盐0.5小勺、蛋清1份、淀粉2大勺
调料： 生抽1大勺、白糖1大勺、胡椒粉1小勺、油5大勺

制作方法

1 鸡肉、香菇洗净，剁碎，加入葱姜末和腌料中的料酒、生抽、盐，腌10分钟。香菜切段备用。

2 然后加入腌料中的蛋清和淀粉，按顺时针方向搅拌上劲。

3 准备1个小碗，将生抽、糖、胡椒粉混合，搅拌成调味汁，备用。

4 锅中加水煮沸后转小火，将搅拌后的肉馅用手挤出丸子下锅，挤完后开中火，煮至浮起捞出。

5 另起锅，放入5大勺油烧热，放入刚煮熟的丸子，中小火煎至表皮金黄。

6 倒入备好的小碗酱汁，翻炒丸子至均匀收汁后，盛入盘中，撒上香菜段即可。

鸡酥丸子怎么做才香酥不腻？

做丸子的肉馅一定要不断搅拌使其上劲，让肉馅变得黏稠紧密，这样做出的丸子口感才好。炸丸子的口感酥脆，但比较油腻，先煮后煎的方式会使丸子内嫩外酥，又能保存鸡肉和香菇的营养和清香。

中级难度　　45分钟　　2人份

草菇蒸鸡

材料： 草菇6朵、鸡腿2只

调料： 盐2小勺、酱油1大勺、黄酒1大勺、白糖1大勺、熟鸡油1小勺、水淀粉1大勺、葱段10个、姜5片

制作方法

1 草菇用温水泡发，去掉根蒂后洗净。

2 将草菇放入煮沸的水中，快速氽烫后切成小块。

3 鸡肉切成2cm的块，先用凉水浸泡去血水，然后用温水洗净、沥干。

4 取一蒸碗，放入鸡肉块和切好的草菇块。

5 加入盐、酱油、黄酒、白糖、熟鸡油、水淀粉、葱段、姜片拌匀。

6 蒸锅加水煮沸，放入蒸碗，大火蒸20分钟即可。

草菇蒸鸡怎么做才鲜香入味？

清蒸的方法突出了菜肴的原汁原味，使鸡肉与草菇相互入味提鲜，因此此菜不宜添加重口味的调料调味。还要注意的是，为了去除鸡肉的腥味，烹饪前先将鸡肉浸泡和多次清洗的步骤不可缺少。

草菇所含的异种蛋白质，有助于消灭癌细胞。
研究还发现，食用草菇还有助于排出体内重金属，
达到解毒的功效。

初级难度 ⏱ 35分钟 🍜 2人份

盐焗鸡

材料： 三黄鸡1只、姜片5片　　**调料：** 白酒半碗、粗盐3袋

焗鸡粉料： 盐焗鸡粉3大勺

🍚 中级难度　　⏱ 1小时20分钟　　🍜 2人份

> 盐焗鸡含有牛磺酸，具有增强人体消化能力、抗氧化、解毒的作用；
> 它高蛋白、低脂肪，富含丰富的维生素 A、维生素 C，
> 以及铁、磷、钙等矿物质，
> 营养价值很高，对于维持身体健康有很好的效果。

制作方法

1 鸡洗净、去除内脏、沥干水分，并淋上白酒，内外抹匀。

2 将盐焗鸡粉料均匀涂抹于鸡身、鸡腹内，然后将姜片塞入鸡腹，腌1小时。

3 准备3张油纸，前两张纸刷油包裹，第三张纸不刷油直接包在鸡最外层。

4 砂锅大火烧热，倒入粗盐，炒至水分蒸发、发出声响后，将1/3粗盐盛出。

5 再将鸡埋入锅中盐里，倒入盛出的1/3粗盐，使其完全覆盖整鸡。

6 然后转小火，盖上锅盖，焗10分钟后，将整鸡翻转，再焗10分钟，取出、撕成片状即可。

盐焗鸡怎么做才会香浓入味?

做盐焗鸡必须使用粗海盐，这样受热比较均匀，热海盐可充分吸收鸡中蒸发出的水汽，使鸡变得干香入味；焗烤时，火力不宜大，以免鸡皮焦煳；使用姜黄粉可使鸡皮颜色金黄，并具有独特香味。

盐酥鸡块

材料： 鸡胸肉1块、红椒半个、青椒半个、生菜2片

腌料： 料酒1大勺、酱油1大勺、盐2小勺、蛋清1份、胡椒粉1小勺、葱末1大勺、姜末1小勺、蒜末1大勺

调料： 油3大勺、椒盐2小勺、红薯淀粉3大勺

制作方法

1 鸡胸肉洗净，用刀切成1cm小块。

2 加入所有腌料，用手抓匀后腌10分钟。

3 将每块腌好的鸡块分别沾裹红薯淀粉，备用。

4 红椒和青椒洗净，切丝，放入油锅，小火微炸后捞出，备用。

5 待油再次烧热后，放入沾有红薯淀粉的鸡块，中火炸至金黄色后捞出。

6 炸好的鸡肉排放入铺有生菜的盘中，并摆放炸过的青红椒丝，撒上椒盐粉即可。

盐酥鸡块怎么做才酥香肉嫩？

裹粉时，要用红薯淀粉沾裹，这样炸出的鸡块不容易散且口感酥脆。该菜品注意火候的掌握，以保证鸡肉外酥里嫩，但鸡块肉厚，鸡块炸至微黄后，要稍微降低火力，保证鸡肉内部熟透。

中医认为，鸡肉有活血、补气虚、健脾胃、强筋骨的功效，其氨基酸和维生素 A 的含量，是牛肉、猪肉所不能及的，可谓肉类中的滋补佳品。

初级难度　35 分钟　2 人份

43

酥香吮指鸡

材料： 鸡半只、姜片6片、淀粉4大勺、鸡蛋1个、面包糠半碗

调料： 五香粉、胡椒粉各1小勺、糖2小勺、盐1.5小勺，奶粉、料酒、黑胡椒粉各1大勺

制作方法

1 鸡肉洗净，泡出血污，斩切为小块，滗干水分，备用。

2 鸡块中撒五香粉、胡椒粉、糖、盐、奶粉，使鸡块均匀沾裹调料。

3 然后放入姜片、淋入料酒拌匀，腌制1小时后，翻动鸡块，再腌1小时，使其腌制入味。

4 将腌制好的鸡块放到蒸锅中，蒸10分钟后，盛出。

5 鸡块沾裹淀粉，再放入鸡蛋液中浸湿，然后再沾满面包糠。

6 锅中加油，大火烧至七成热时，放入鸡块，炸至色泽金黄，盛出，撒入黑胡椒粉，即可食用。

酥香吮指鸡怎么做才香嫩浓郁？

炸鸡块的时候一定要用大火，炸到鸡块的外皮焦黄，这样才能外酥里嫩。多种香辛料能够有效地去除鸡肉的腥味，同时提升鸡肉本身的鲜香味。

中级难度　30 分钟　2 人份

酱爆鸭脯

材料： 青椒1/3个、红椒1/3个、大葱1根、姜1块、蒜2瓣、干红辣椒4根、鸭胸肉半斤

调料： 老抽1大勺、糖1大勺、凉开水1大勺、水淀粉1大勺、油1碗、甜面酱2大勺

腌料： 姜黄粉3大勺、盐1小勺、糖1小勺、胡椒粉1小勺、料酒1大勺、鸡蛋清半个、
淀粉1大勺、细盐1大勺、胡椒粉1大勺

中级难度　　30分钟　　2人份

鸭肉微寒，具有滋补、养胃、消肿、止咳的功效，
民间认为鸭肉是补虚圣药。
鸭肉易消化，其含有的维生素 B 族和维生素 E 较多，
对于发热、体虚、水肿和食欲不振等症状有食补的功效。

制作方法

1 青椒、红椒分别洗净，切成
菱形片；葱、姜、蒜均去
皮，切片；干红辣椒洗净，
切段，备用。

2 鸭胸肉用清水洗净，切成
0.3cm厚的片状，加腌料抓
匀，腌20分钟。

3 将老抽、糖、凉开水、水淀
粉混合，做成料汁。

热锅凉油可防止鸭胸肉沾黏锅底

4 炒锅预先烧热，再倒入1碗
油，下入腌好的鸭肉，滑油
至变色，捞出、滗油。

5 锅中留2大勺油，倒入干辣
椒和葱姜蒜，小火爆香，再
倒入甜面酱，炒出酱香味。

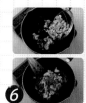

6 接着放入鸭肉、青红椒，转
大火翻炒均匀，倒入料汁勾
芡，使食材裹上酱汁，快炒
均匀，即可出锅。

酱爆鸭脯怎么炒才滑嫩入味？

鸭胸肉滑油前，油锅的温度也不能烧得太高，防止鸭肉外表焦硬；
酱香味源于小火慢炒出的甜面酱，酱香味飘出后，再放入鸭肉、配料，
转大火爆炒，这样既可以保持鸭肉滑嫩，又能使酱汁裹匀鸭肉。

麦香啤酒鸭

材料： 鸭子半只、姜1块、大蒜5瓣、干红辣椒5根、青椒1个、红椒1个、花椒1小勺、八角2颗、桂皮1块

调料： 油1大勺、盐0.5小勺、生抽1大勺、啤酒1碗、清水5碗

制作方法

① 将鸭子洗净，切除多余脂肪，剁成5cm宽的小块。

② 放入滚水中焯烫5分钟，去除血水和异味后，捞出。

③ 姜洗净，切片；大蒜去皮，对半切开；干辣椒剪成段；青、红椒均洗净、去蒂，切菱形片。

④ 锅内加1大勺油烧热，下入花椒、姜蒜、干红辣椒、八角、桂皮，中小火炒香，接着倒入鸭块，煎出鸭油。

⑤ 然后加盐、生抽、啤酒、清水，大火煮沸，加盖，转小火，焖煮50分钟。

⑥ 最后汁水完全收干时，放入青红椒，翻炒均匀，辣香浓郁的啤酒鸭就能吃了。

啤酒鸭中的啤酒有何作用？

可以利用酒中的酵素来腌渍肉类，使肉类更容易软烂入味；啤酒受热后蒸发，会将肉腥味一并带走，还能留下独特的麦香味，起到去腥、提鲜的作用，在烹饪腥味重的鱼类、肉类时，更显效果。

鸭肉的营养价值与鸡肉相似，但鸭子多以水中生物为食，
因此鸭肉寒凉，有祛热、滋补、养胃、止咳化痰等作用。
体内燥热的人适宜食用鸭肉，体质虚弱、发热、便秘的人吃鸭肉则更为有益。

中级难度　　1小时10分钟　　4人份

魔芋烧鸭

材料：葱1段、姜1块、蒜半个、青蒜2根、干辣椒4个、鸭子半只、魔芋半斤

调料：油4大勺、花椒1小勺、豆瓣酱2大勺、清水3碗、料酒2大勺、酱油1大勺、水淀粉半碗

🍳 高级难度　⏱ 1小时10分钟　🍜 2人份

魔芋烧鸭怎么做才肉香味浓、无腥气？

炒花椒时，要用小火慢炒，不但要炒出花椒的香味，还不能把花椒炒糊，之后再下入豆瓣酱炒出红油，如此菜肴才会入味；鸭肉腥味较重，做菜前要放入滚水中反复焯烫；最后加青蒜也可以起到很好的去腥作用。

制作方法

① 葱切段；姜、蒜均去皮，切片；青蒜洗净，切成3cm长段；干辣椒剪成段状。

② 鸭子去除内脏，清洗干净，切成长4cm、宽2cm的块状。

③ 魔芋洗净、切成1.5cm宽的条状，放入加了盐的滚水中，焯烫1分钟。

④ 用大火将煮锅中的水烧沸，下入葱段和一半姜蒜，再放入鸭块焯烫，撇沫、捞出、滗干。

⑤ 锅中加2大勺油，中火烧至油面微微冒烟，放入鸭块，煸至金黄，盛出。

⑥ 锅中重新加2大勺油，下入花椒，小火炒香后，放入豆瓣酱炒出红油。

⑦ 倒入3碗清水，开大火煮沸，捞出残渣不用。

⑧ 将过油的鸭块、魔芋条、剩余姜蒜片、干辣椒和料酒、酱油一起放入汤中。

⑨ 转中火煮50分钟后，转大火收汁，起锅前放入青蒜，淋入水淀粉，翻炒均匀即可。

桂花烤鸭腿

材料： 鸭腿1只、葱5段、姜5片，桂皮1块、小茴香1小勺

调料： 盐1小勺、白酒1碗、老抽1小勺、生抽1小勺、蚝油1大勺、糖桂花1大勺

制作方法

1 鸭腿洗净后，两面各划切三刀，滗干；用盐和白酒均匀涂擦鸭腿表面。

2 鸭腿中加入葱、姜、桂皮、小茴香粒、老抽、生抽、蚝油，抓匀，放入冰箱冷藏12小时。

3 将烤箱预热200度，把滗干调料汁的鸭腿放入烤箱，烤制15分钟，其间取出翻面，继续烤制。

4 然后取出鸭腿，均匀刷上糖桂花，再次放入烤箱，170度继续烤制30分钟。

5 30分钟后，取出鸭腿，再次刷上糖桂花，放入烤箱，180度烤制5分钟。

6 最后，将烤好的鸭腿取出，稍微放凉后，即可食用。

桂花烤鸭怎么烤才能香脆甜嫩？

烤桂花烤鸭时，先用高温烤，再用低温烤，这样可以快速锁住鸭腿水分，最后低温烤熟，并在鸭腿上刷上糖桂花，可使鸭皮香甜、鸭肉软嫩。

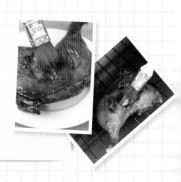

中级难度　　1 小时 10 分钟　　1 人份

鸭腿炖土豆

材料： 土豆1个、鸭腿2只

调料： 葱白1段、姜1块、料酒2大勺、生抽2大勺、老抽1小勺、干辣椒4个、盐2小勺、花椒2小勺、八角2颗

🍲 中级难度　⏱ 1 小时 30 分钟　🍚 2 人份

鸭腿炖土豆怎么做才浓香不腥？

鸭肉有一种特殊的腥味，所以腌制鸭腿的时间要长，以去除鸭肉的腥膻味。鸭肉、鸭皮本身含有油脂，煎炒时可以少用油，把鸭油煎出后，炖出的鸭肉味道会更加香浓，若觉得鸭油味浓，可以将鸭油倒掉。

制作方法

1 土豆去皮，切块，放入水中浸泡，备用。

2 大葱洗净，切段；姜去皮、切片。

3 鸭腿切成3cm宽的小块、洗净。

4 锅中加入冷水，放入鸭块，大火烧开煮出血水后，捞出、滗干。

5 将所有腌料与葱姜一起放入滗干的鸭块中抓匀，腌1小时。

6 锅中倒油烧热，放入腌好的鸭腿，小火炒出鸭油。

7 接着将鸭块推至一边，放入腌鸭的料汁材料，翻炒出香。

8 倒入热水，没过鸭肉，大火煮沸后，转中小火炖约1小时。

9 然后放入土豆，再炖20分钟后，撒入香葱末，即可出锅。

浓香入味的鸡鸭卤味

卤鸡胗、卤鸡爪、卤鸡肝……

卤鸭脖、卤鸭翅、卤鸭掌……

舌尖上的鸡鸭卤味，

就是这样香浓，燃烧着你的味蕾！

卤鸡肝

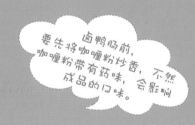

卤鸭肠前，要先将咖喱粉炒香，不然咖喱粉带有药味，会影响成品的口味。

绝味鸭肠

五香卤汁

材料： 大葱1段、生姜1块

调料： 生抽1大勺、老抽2大勺、盐1大勺、冰糖2大勺、清水6碗

卤汁香料： 甘草3片、桂皮1块、草果1个、八角3颗、小茴香1小勺、花椒1小勺、丁香2根、大葱1根、姜1块

制作方法

1 将卤汁香料中的桂皮掰成小块；草果用刀拍碎。

2 所有卤汁香料都装入香料包中。

3 大葱洗净，切段；生姜洗净，切块，备用。

4 锅中加半锅水，放入葱段、生姜块、香料包和所有调料，大火煮开，撇去浮沫。

5 盖上锅盖，转小火煮40分钟后，关火。

6 最后，捞出葱、姜和香料袋，余下汤汁即成"五香卤汁"。

盐水卤汁

材料： 大葱1根、生姜1块

调料： 油2大勺、高汤6碗、
料酒1大勺、盐0.5大勺、
冰糖1大勺

香辛料： 八角2颗、花椒1小勺、
香叶3片、甘草3片

制作方法

1 大葱去根、剥皮、洗净，切成4cm长的段；生姜刮皮、洗净，切成薄片。

2 将香辛料放入纱布袋中，绑好袋口，做成"香料包"。

3 锅内倒油，烧至七成热，放入葱姜，小火煸炒出香味。

4 倒入高汤、料酒，大火煮沸，用汤勺撇去浮沫。

5 接着加盐、冰糖，用汤勺搅拌均匀，转小火，煮约40分钟。

6 然后用漏勺捞出食材、香料包和渣滓，即成"盐水卤汁"。

麻辣卤汁

材料： 干红辣椒7根、大葱1根、大蒜1头、洋葱1个、生姜1块

调料： 食用油2大勺，高汤5碗，米酒、冰糖各3大勺，盐、生抽、酱油各1大勺，郫县豆瓣酱、麻椒油、辣椒粉各2大勺

香辛料： 花椒2小勺、陈皮1片、丁香0.5小勺、草果1粒、香叶2片

制作方法

1 干红辣椒和大葱洗净，切段；大蒜去皮、洗净；洋葱洗净，切丝；生姜洗净，切薄片。

2 将所有香辛料用纱布包好、绑紧，制成"香料包"。

3 锅中倒油，烧至七成热，放入干红辣椒段、葱段、蒜瓣、洋葱丝、姜片，小火煸香。

4 锅内放入高汤和香料包，大火煮沸，倒入米酒、冰糖、盐、生抽、酱油调味，搅拌均匀。

5 接着转小火，煮30分钟后，放入郫县豆瓣酱、麻椒油，搅拌均匀，续煮30分钟。

6 撒入辣椒粉，用汤勺搅匀，加盖焖煮约20分钟后，打开锅盖，用漏勺捞出食材和香料包，即成"麻辣卤汁"。

> 卤鸡胗前，要去除外膜，
> 并用盐和面粉搓洗，再用水洗净，
> 这样可有效去除腥味；
> 再用料酒、花椒腌制，不仅可去腥，
> 还能保持肉质滑嫩。

麻辣鸡胗

材料： 干红辣椒1根、葱白1段、
姜1块、鸡胗1斤、花椒2小勺

调料： 面粉1大勺、料酒2大勺、
油3碗、麻辣卤5碗、孜然1小勺

中级难度　　1小时30分钟　　2人份

制作方法

1 干红辣椒去蒂、洗净，切成长3cm的小段；葱白洗净，切段；姜洗净，切片。

2 鸡胗洗净，倒入面粉，用力搓揉鸡胗，去除表面黏膜和污物后，再次洗净。

3 在鸡胗表皮划开一道深0.5cm的刀口，加料酒、1小勺花椒，腌制30分钟。

4 锅内加3碗油，烧至七成热，倒入鸡胗，改小火炸至表皮略显焦黄时，捞出、滗油，备用。

5 锅内留底油，烧至七成热，放入干红辣椒和其余花椒，中火炒出香味，再倒入卤汁，大火煮沸，撇沫，倒入炸好的鸡胗，小火卤1小时。

6 卤好后关火，盖上锅盖，焖15分钟后捞出，浇上卤汁、撒上孜然即可。

麻辣鸡爪

材料： 大葱1根、生姜1块、蒜瓣5粒、鸡爪10只

调料： 料酒2大勺、食用油2大勺、麻辣卤汁5碗

淋酱汁： 生抽1大勺、醋2大勺、辣椒油1大勺、香油1小勺、姜末0.5大勺、蒜末0.5大勺

制作方法

① 大葱洗净，切成葱花；生姜洗净，切成姜片和姜末；蒜去皮，剁成蒜末。

② 锅中加水、姜片和1大勺料酒，大火煮沸，放入鸡爪焯烫1分钟，去血污，捞出。

③ 锅中加2大勺油，中火烧至七成热，下入葱花和姜丝，炒出香味。

④ 放入鸡爪，倒入麻辣卤汁和其余料酒拌匀，大火煮沸，转小火，加盖炖煮1小时。

⑤ 煮好后，留在锅中浸泡一夜，使卤好的鸡爪充分入味。

⑥ 将淋酱汁中材料依次倒入碗内混合均匀，淋在鸡爪上，即可食用。

麻辣鸡爪怎么做才能柔韧鲜辣？

鸡爪不宜煮太久，否则过于软烂，鸡爪缺少韧劲。鸡爪卤好后，必须放在汤汁中浸泡一夜，这样才能使鸡爪充分入味，香辣爽口。

初级难度　　1 小时 10 分钟　　2 人份

卤鸡肝

材料： 鸡肝半斤、葱白1段、生姜1块、干红辣椒4根、八角4颗、花椒1小勺、桂皮1块、香菜末1大勺

调料： 盐2小勺、料酒1大勺、生抽2大勺

制作方法

1 鸡肝洗净、放入水中，加盐浸泡20分钟，去除毒素，再剔除筋膜、肥油，洗净。

2 锅中倒入清水，放入鸡肝，大火煮沸，焯烫2分钟，去除血污后，捞出，备用。

3 葱白洗净，切段；生姜洗净，切片；干红辣椒洗净，切段，备用。

4 锅里换水，放入葱姜、干辣椒，大火煮沸，放入鸡肝，转中火煮10分钟。

5 加料酒、生抽调味，加盖煮5分钟后关火，焖10分钟，浸泡一夜，使鸡肝入味。

6 食用时，将鸡肝切开，浇上五香卤汁，撒上香菜末即可。

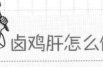
卤鸡肝怎么做才味道香浓，肉质细嫩？

卤鸡肝时，要小火慢炖，大火易使鸡肝变老，肉质变硬。煮熟后，密封静置几小时，可使鸡肝更加入味。

初级难度　⏱ 1 小时 20 分钟　🍚 2 人份

中级难度　1小时　2人份

五香鸡腿

材料： 大葱1根、生姜1块、鸡腿1只、开水2碗

调料： 油2大勺、白砂糖1大勺、五香卤汁6碗、盐1小勺

五香鸡腿怎么做才能软嫩可口？

煮鸡腿之前，应先在鸡腿表面划出几道刀口，如此较易熟透，也容易入味。将鸡腿用冷水冲净，再用加了料酒的沸水焯烫出血水，腥味也随之挥发而去，再快速浸泡凉水，可使鸡皮紧缩，鸡肉的口感变得软嫩紧致。

> 鸡腿肉蛋白质的含量较高，种类多，
> 而且鸡肉消化率高，很容易被人体吸收利用，有增强体力、强壮身体的作用；
> 鸡肉性温、味甘，入脾、胃经，
> 有温中益气、补虚填精、活血脉、强筋骨的功效。

制作方法

1 大葱去根、剥皮、洗净，切成长2cm的小段；生姜洗净，切成厚0.2cm的薄片。

2 用镊子将鸡腿上的余毛去除，冲洗干净，在鸡腿表面划出2道深0.5cm的刀口。

3 将鸡腿放入滚水焯烫去除血污，滗干、过凉，备用。

4 锅内倒油烧至七成热，放入白砂糖，小火煸炒至微黄色。

5 接着倒入五香卤汁。

6 放入葱段和姜片，开大火煮沸，用汤勺搅动，撇去浮沫。

7 再倒入2碗开水，放入鸡腿，转中火煮40分钟。

8 鸡腿上色入味后，加盐调味。

9 最后，将鸡腿从锅中取出，放凉后切段，盛入盘内，浇上卤汁即可。

卤鸭头

材料： 鸭头4个、蒜5瓣、干红辣椒2根、香葱1根、生姜1块、清水6碗

调料： 油2大勺、酱油1碗、米酒1大勺、冰糖12颗

香辛料： 小茴香1小勺、花椒1小勺、八角3颗、桂皮1块、丁香2根

制作方法

① 鸭头洗净，放入滚水焯烫2分钟，去除脏污后，捞出。

② 将所有香辛料用纱布包起，做成"香料包"。

③ 大蒜去皮，切末；干红辣椒切小段；香葱洗净，切段；生姜洗净，切片，备用。

④ 锅中加2大勺油烧热，下入蒜末、干红辣椒段、香葱和姜片，煸炒出香味。

⑤ 再倒入6碗清水，放入香料包，加酱油、米酒、冰糖调味，开大火煮沸。

⑥ 水煮沸后，放入鸭头，改中火卤30分钟后，加盖焖10分钟，使之入味。

卤鸭头怎样做才能软烂入味？

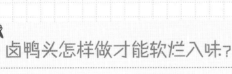

将鸭头、蒜瓣、食醋放入滚水中，焯烫除血沫，也可去除鸭头中所特有的腥味；卤好后，焖至鸭头入味，使其吸收汤汁即可。

初级难度　　⏱ 50分钟　　🍲 3人份

香辣鸭脖

材料：鸭脖1斤、大葱1段、生姜1块、干红辣椒5根

调料：油2大勺、麻辣卤汁6碗、酱油2大勺、盐1小勺、糖1小勺

香辛料：花椒2小勺、草果1个、小茴香1小勺、丁香1小勺、桂皮1块、香叶3片

制作方法

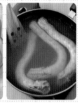

1 鸭脖洗净、去除表皮，检查皮下是否存在黄豆粒大小的淋巴结，如果有，将其去除后，放入滚水中焯烫。

2 大葱洗净，切段；生姜洗净，切片；干红辣椒洗净，切成1cm宽的小段。

3 炒锅中加2大勺油，中火加热，待油烧至五成热时，下入葱段、姜片、干红辣椒，炒出香味；加入香辛料。

4 然后倒入麻辣卤汁，加酱油、盐和白糖搅匀，转大火煮沸，再放入焯过水的鸭脖。

5 锅中汤汁再次沸腾后，盖上锅盖，转中火煮30分钟，并不时翻动鸭脖，使其均匀入味。

6 煮熟后，将鸭脖浸泡一段时间，捞入盘中，晾凉即可。

香辣鸭脖怎么做才能麻辣鲜香？

卤水要熬久一点，香料味才能完全释放；鸭脖卤好后，用卤汤汁浸泡 3 小时，使其充分入味，这样卤出的鸭脖才会麻辣鲜香。

初级难度　　⏱ 40分钟　　🍜 2人份

卤鸭翅

材料: 鸭翅1斤、大葱1段、生姜1块、干红辣椒4根

调料: 油2大勺、开水5碗、盐1大勺、
白糖2小勺、老抽1大勺、生抽1大勺、
料酒1大勺、香油1小勺

香辛料: 八角4颗、花椒0.5小勺、
香叶4片、桂皮1小段

制作方法

① 鸭翅洗净，去除细毛，放入清水浸泡15分钟，泡出杂质。

② 锅中加水煮沸，放入鸭翅，焯烫3分钟，捞出、滗干。

③ 大葱、生姜分别洗净，切片；干红辣椒洗净，切段；所有香辛料装入香料包。

 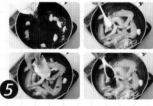 

④ 锅内加2大勺油，烧至四成热后，放入葱姜片、干红辣椒，炒出香味。

⑤ 倒入5碗开水，放入鸭翅、香料包，加盐、糖、老抽、生抽、料酒，转小火煮1小时。

⑥ 煮熟后关火，加盖焖20分钟，使其泡在汤汁内，充分入味，捞出、淋上香油即可。

鸭翅怎么卤才能入味不腥?

鸭翅腥味重，可放入加盐沸水中焯烫，再反复冲洗，便可去掉腥味；卤好后加盖焖熟，可使其自然吸饱汤汁，口感、味道会更加丰富。

盐水鸭腿

材料： 大葱1根、生姜1块、鸭腿2只、枸杞1小勺

调料： 料酒1大勺、盐水卤汁5碗

刷料： 盐1小勺、白胡椒粉2小勺、香油2大勺、料酒1大勺

初级难度　50分钟　3人份

鸭肉怎么做才快速软烂且不油腻?

鸭肉洗净，加入适量白醋或者米醋，抓匀洗净后，即可除去腥味；卤好后，将鸭腿放在汤中浸泡一段时间，待鸭肉吸饱汤汁，会更加好吃；刷料里加蜂蜜，味道会变得鲜甜开胃。

制作方法

1 大葱洗净，切段；生姜洗净，切片，备用。

2 鸭腿洗净，用小镊子拔除鸭腿上残存余毛。

3 将鸭腿放入冷水中，加入料酒，大火煮沸，焯烫2分钟，以去除血污，然后捞出、洗净，备用。

4 洗净锅，倒入盐水卤汁、葱段、姜片。

5 放入鸭腿，大火煮沸，撇沫。

6 盖上锅盖，转小火卤20分钟。

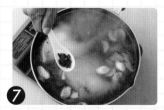

7 关火后放入枸杞，加盖，再焖20分钟，使鸭腿充分入味。

8 将刷料混合、搅拌，均匀地抹在卤好的鸭腿上。

9 将鸭腿放在通风的地方晾凉；然后剁成2cm宽的块状，吃的时候可以搭配姜末食用。

盐水鸭掌

材料： 鸭掌1斤、大葱1根、生姜1个、香菜1根

调料： 盐水卤汁5碗

香辛料： 八角2颗、花椒1小勺、香叶1片、甘草1片

制作方法

1 锅中加水，将鸭掌放入冷水中，大火煮沸，去除血沫。

2 用刀在鸭掌的掌骨及鸭蹼处轻划几道长1.5cm的口子，方便入味。

3 大葱洗净，切段；生姜洗净，切片；香菜去根、洗净、滗干，切末，备用。

4 锅内倒入盐水卤汁，放入葱段、姜片、鸭掌和所有香辛料，大火煮开，撇去浮沫。

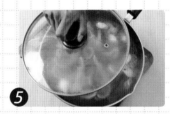

5 煮开后转成小火，盖上锅盖，熬煮1小时，期间要多翻动鸭掌，使其卤制均匀。

6 煮好后关火，打开锅盖，让鸭掌自然放凉，待鸭掌充分吸收汤汁后，捞出鸭掌，浇上卤汁，撒上香菜，即可。

盐水鸭掌怎么做才能鲜嫩爽口？

焯烫鸭掌而煮出的浮沫带有腥味，应用水洗净；鸭掌煮好后，泡入冷水，再用水冲洗，可洗去鸭掌的多余油腻，并使口感爽脆。

中级难度　🕐 1 小时 10 分钟　🥘 4 人份

中级难度　⏱ 50 分钟　🍜 3 人份

绝味鸭肠

材料： 鸭肠半斤、开水5碗、香菜末1大勺

调料： 醋6大勺、盐2大勺、油2大勺、咖喱粉1小勺、糖2小勺、老抽1小勺、料酒2大勺、白胡椒1小勺、生抽4大勺

香辛料： 豆蔻2个、香叶2片、葱3片、姜3片、八角1颗、花椒1小勺、甘草3片

绝味鸭肠怎么做才浓香入味？

鸭肠腥味较重，必须经过搓洗、焯烫，并用食醋中的醋酸减轻鸭肠的腥味；卤鸭肠前，要先将咖喱粉炒香，不然咖喱粉带有药味，会影响成品的口味；卤好后浸泡一夜，可使鸭肠更加入味。

鸭肠口感清爽、营养丰富，含有蛋白质、维生素 A、维生素 C、B 族维生素和钙、铁等微量元素，食用鸭肠对人体内新陈代谢、神经功能、消化功能等生理功能都具有良好的维护作用。

制作方法

❶ 鸭肠用清水反复冲洗，去除脏污，挤干水分，放入盆中。

❷ 再倒入4大勺醋和1大勺盐，浸泡15分钟。

❸ 反复揉搓鸭肠，用清水洗净后，重复操作做法2~3，彻底去腥。

❹ 放入冷水，大火烧热，焯烫去污，撇沫、捞出。

❺ 锅中加2大勺油，下入咖喱粉，炒香后，加5碗开水。

❻ 放入焯过的鸭肠、葱姜和所有香辛料，加糖、老抽、料酒和其余盐调味。

❼ 再加入白胡椒粉、生抽和2大勺醋，搅拌均匀。

❽ 大火煮沸后，转小火，加盖焖煮20分钟。

❾ 最后，放入卤汁中浸泡一夜，食用前切段，撒上香菜末即可。

好吃解馋
的鸡鸭 主食

茄汁鸡肉焖饭、照烧鸡腿饭……
粤式烧鸭饭、酸萝卜老鸭面……
一碗好吃又解馋的鸡鸭面饭，
绝对令你欲罢不能！

豉汁
鸡肉焖饭

体内燥热的人
适宜食用鸭肉，体质虚弱、
发热、便秘的人吃鸭肉则
更为有益。

土豆笋
老鸭面

茄汁鸡肉焖饭

材料： 西红柿1个、白洋葱半个、青椒半个、胡萝卜1/3根、鸡胸肉1块（约50g）、
大米1碗、开水1碗、黑芝麻1小勺

调料： 油2大勺、盐1小勺

中级难度　　1小时　　1人份

茄汁鸡肉焖饭怎么做口感才更好？

鸡肉纤维松散，切成碎末后，更容易入味；放入洋葱、西红柿一起炒时，一定要将洋葱炒至微黄，西红柿出汁，使鸡肉充分吸收洋葱的香气和西红柿的酸味，这样焖出的饭软烂好吃，香气浓郁。

制作方法

① 西红柿顶部划"十"字花刀，倒入滚水烫30秒，撕去表皮，再切去硬蒂。

② 西红柿切丁；洋葱洗净，切碎；青椒洗净，切成菱形片。

③ 胡萝卜去皮、去根、洗净、切成碎末；大米放入清水浸泡15分钟，捞出、滗干。

④ 鸡胸肉块用刀刃剁成鸡肉碎，备用。

⑤ 炒锅中加2大勺油，大火烧热，放入鸡肉碎，炒至变色。

⑥ 接着倒入洋葱、西红柿，转中火，炒出香味。

水量以没过米饭2cm为宜

⑦ 然后放入胡萝卜末、青椒片，再倒进生大米，一起炒匀。

⑧ 将食材倒入电饭煲中，倒入开水，按下开关，将饭煮熟。

⑨ 最后，加盐调味，撒上黑芝麻，拌匀即可食用。

这道饭非常适合习惯性便秘的人食用；

首先竹笋独有的清香，具有开胃、促进消化、增食欲的作用；

鸡肉中的脂肪含量低；

香菇美容养颜、增强抵抗力，实在是爱美女士的绝佳选择。

中级难度　　1 小时　　2 人份

什锦鸡块炊饭

材料： 竹笋2个、胡萝卜半根、干香菇4朵、青豆1大勺、鸡腿 1只（约250g）、豆腐泡6块、大米1碗、开水1碗

调料： 油2大勺、料酒3大勺、糖1小勺、酱油2大勺、盐0.5小勺

什锦鸡块炊饭怎么做才饭香入味？

豆泡、笋、香菇都是吸汁食材，炒三种食材时，一定要等其吸饱调味汁，焖出的饭才会好吃。另外，豆泡要先用热水泡出多余油分，吃起来才不油腻；切鸡腿时要保留鸡皮，炒出鸡油，使食材也吸收其香味。

制作方法

❶ 竹笋焯烫、洗净，切块；胡萝卜洗净，去皮，切块；干香菇用温水泡发。

❷ 泡好的香菇洗净，切成块状；青豆焯水，备用。

❸ 鸡腿洗净，切成小块，备用。

❹ 豆腐泡放入热水中，去除油分后，切成小块。

❺ 炒锅内加2大勺油，中火烧热，倒入鸡块。

❻ 用中火炒至鸡块变色、出油。

根据家中电饭锅情况适量加水

❼ 然后倒入胡萝卜块炒熟，再加入豆腐泡、竹笋和香菇，继续煸炒。

❽ 加料酒、糖、酱油、盐调味。

❾ 大米洗净、滗干水分，同炒好的食材倒入米锅中拌匀、倒入开水，按下开关，饭熟后即可。

中级难度　⏱ 30 分钟　🍚 2 人份

豉汁鸡肉烩饭

材料： 黄瓜半根、草菇3个、大蒜3瓣、红辣椒1根、豆豉2大勺、鸡蛋2个、鸡胸肉1块（约100g）、白米饭1碗、鲜汤1碗

调料： 油3大勺、生抽0.5小勺、盐0.5小勺、糖0.5小勺、水淀粉2小勺

腌料： 淀粉2小勺、米酒1小勺、香油1小勺

豉汁鸡肉烩饭怎么做才会豉香味美？

豆豉想要味道更浓郁可先切碎再煸炒，因为本身有咸味，所以盐可以不用再加；食材炒好以后，转成小火慢慢炖煮汤汁，才能让食材充分吸收汤汁中的香味，吃起来才更美味。

> 黄瓜含水量高，还有较多的矿物质、果胶质和少量维生素，
> 能清理肠道、降低胆固醇；
> 草菇的维生素 C 含量高，能促进人体新陈代谢，
> 提高机体免疫力，还有解毒的作用。

制作方法

1 黄瓜洗净，切成菱形片；草菇洗净，切成薄片，备用。

2 大蒜拍扁、去皮，切末；红辣椒洗净，切成辣椒圈；豆豉切碎，备用。

3 分离1个鸡蛋的蛋清、蛋黄。将蛋黄与另一个鸡蛋的蛋液搅匀，备用。

4 鸡肉洗净，切成薄片，加入腌料和蛋清腌制10分钟。

5 炒锅中加2大勺油，中火烧热，倒入米饭与搅匀的蛋液，拌炒至米饭呈金黄色，盛出。

6 锅中再倒入1大勺油，中火烧热，下入豆豉、红辣椒圈和蒜末爆香。

7 再放入鸡肉片，炒至变色。

8 然后倒入黄瓜片、草菇片、鲜汤，加入其余调味料，大火煮滚后加入水淀粉勾芡。

9 将炒好的米饭倒入锅中，搅拌均匀，直至汤汁浓稠，盛出即可食用。

三杯鸡柳烩饭

材料： 姜1块、大蒜5粒、香菜2根、红辣椒2个、鸡胸肉半斤、白米饭1碗、黑芝麻1小勺

调料： 油1碗、麻油1大勺、高汤1碗、糖1小勺、
盐1小勺、酱油1大勺、米酒1大勺、水淀粉1大勺

腌料： 料酒1大勺、胡椒粉1小勺、
水淀粉2大勺

制作方法

❶ 姜去皮，切成碎丁；大蒜拍碎、去皮，切成碎丁。

❷ 香菜去根、洗净，切小段；红辣椒洗净、去蒂，切成粒，备用。

❸ 鸡胸肉切柳条状，加入腌料拌匀，腌制10分钟。

❹ 锅中加入1碗油，中火烧至五成热，放入鸡柳，炸至色泽金黄，捞出、滗油。

❺ 炒锅中加入1大勺麻油，中火烧热，倒入姜、蒜、红辣椒，转小火煸香。

❻ 倒入高汤，加糖、盐、酱油、米酒调味，大火煮滚。

❼ 淋入水淀粉，待汤汁变浓稠后，放入炸好的鸡柳，翻炒几下。

❽ 倒入米饭，转中火，与鸡柳翻炒均匀。

❾ 最后，撒上黑芝麻、香菜，即可盛出食用。

鸡肉肉质细嫩，滋味鲜美，味道较淡，适合先腌制再加工。
鸡肉中的蛋白质和氨基酸含量较高，且易被人体吸收利用，
有增强体力、强壮身体的作用。
相较于牛肉和猪肉，鸡肉中的维生素 A 含量高出许多。

中级难度　　40 分钟　　1 人份

西兰花含有丰富的抗坏血酸，能增强肝脏的解毒能力，
提高机体免疫力，对高血压、心脏病有调节和预防的作用；
鸡腿蛋白质含量较高，营养极易被人体吸收，
可以补中益气、健脾胃、活血脉、强筋骨。

🍲 中级难度　⏱ 1小时　🍚 1人份

照烧鸡腿饭

材料： 西兰花1/4个、胡萝卜1/3根、鸡腿1只、白米饭1碗

调料： 盐1小勺、香油1小勺、油2大勺

腌料： 盐1小勺、五香粉1小勺、料酒1大勺

照烧汁： 盐0.5小勺、生抽1大勺、蜂蜜2大勺、糖1大勺、料酒1大勺、开水1碗

鸡腿怎么处理才会更入味，更好吃？

鸡腿肉比较厚实，不容易入味，可先在肉上划几刀，腌制后再烹制。
照烧汁倒入以后，转小火煎鸡肉，这个过程当中要用铲子不停地搅
拌照烧汁，以防止烧糊锅，待汤汁收浓稠、充分入味就可以了。

制作方法

1 西兰花洗净，切成小朵；胡
萝卜去皮、洗净，切成菱形
片，备用。

2 炒锅内加水煮沸，倒入西兰
花和胡萝卜焯水，捞出，加
盐、香油拌匀。

3 照烧汁的所有调料放入碗中
调匀，备用。

4 鸡腿洗净，沥干水分后，剔
除骨头。

5 处理好的鸡腿肉用腌料腌制
20分钟。

6 煎锅中加2大勺油，中火烧
热，放入鸡腿，鸡皮朝下，
小火煎熟。

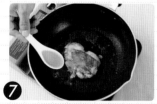

7 煎时多翻动鸡肉，避免煎
糊；煎至金黄时，倒入照烧
酱汁。

8 中火慢煨，等鸡肉焦黄时，
转大火收汁后，盛出。

9 将鸡肉切成长条块状，摆入
白米饭，淋上锅中酱汁，搭
配蔬菜，即可食用。

黄焖鸡米饭

材料： 鸡腿1只、姜3片、木耳2朵、干香菇5朵、大蒜4瓣、开水1.5碗、白米饭1碗

腌料： 盐1小勺、五香粉1小勺、料酒1大勺、生抽1大勺、蚝油1小勺

调料： 油2大勺、盐1小勺、糖2小勺

🍚 中级难度　⏱ 50分钟　🥢 2人份

鸡块要怎么炒才干香肉嫩、香气浓郁?

做鸡块时，要将姜、蒜充分煸出香味，再用中火炒鸡，慢慢煎出鸡油，增添风味；鸡肉炒至变色后，再加配料一起入锅煸炒，使配料也可以吸收鸡肉的香气，最后加盖将所有食材一起焖煮，味道更加浓郁。

制作方法

❶ 鸡腿洗净、剁成3cm长的块，备用。

❷ 姜片和腌料一起放入鸡块中抓匀，腌制30分钟入味。

❸ 木耳用温水泡发，去蒂、洗净后，撕成均匀小朵。

❹ 干香菇泡发、洗净泥沙、对半切开，备用。

❺ 大蒜去皮、洗净，切成碎末，备用。

❻ 锅内加2大勺油，中火烧热，放入蒜末，炒出香味。

❼ 放入鸡块，中火煸炒至鸡块表面微黄时，再放入木耳。

❽ 倒入开水、香菇，加盐、糖调味，加盖焖3~5分钟。

❾ 最后，将黄焖鸡块浇到煮好的白米饭上，即可食用。

中级难度　🕐 1 小时　1 人份

海南嫩鸡饭

材料： 鸡腿1只、葱白1段、姜1块、油菜1棵、泰国香米1碗、洋葱1/4个、辣椒2根、蒜粒4瓣、柠檬半个

调料： 料酒1大勺、盐2小勺、鸡油2大勺、甜辣酱1大勺

鸡腿如何处理才无腥气，口感好？

鸡腿加葱姜、黄酒一起入锅煮，目的是使鸡肉有些底味，还可以去除鸡肉的腥气。鸡腿肉煮好以后立刻入冷水中冲凉、浸泡，可以使鸡皮更紧实，吃起来更"Q弹"，同时鸡肉吃起来也更加滑嫩。

鸡肉的营养价值很高，民间有'济世良药'的俗称，是说冬季人体对能量与营养的需求较多，经常吃鸡进行滋补，能有效地抵御寒冷，也可以为来年的健康打下坚实的基础。

制作方法

1 鸡腿洗净；葱白洗净，切段；姜洗净，切片；油菜去根、掰成片、焯水、滗干。

2 锅中加水，没过鸡腿，放入一半的葱姜、1大勺料酒，大火煮沸后，撇去浮沫。

3 接着放入1小勺盐，再大火煮5分钟后，关火。

4 然后加盖焖20分钟后，将鸡腿用冷水冲凉、浸泡，直至鸡皮紧绷。

5 鸡腿滗干水分，切成2cm的小块，装盘。

6 香米洗净，加清水浸泡。炒锅中加入鸡油，中火爆香另一半的葱姜，倒入香米，小火炒香。

7 将炒过的米放入电饭煲中，浇上炖好的鸡汤，浸泡5分钟，挑出葱姜，蒸成米饭。

8 洋葱去皮，辣椒去蒂，蒜去皮后，分别洗净、切末，混匀。

9 将1小勺盐和柠檬汁、甜辣酱、鸡汤混合，做成蘸料，搭配油菜、鸡肉、香米饭食用。

粤式烧鸭饭

材料： 鸭腿2只、八角2颗、桂皮2块、葱白粒10个、姜5片、油菜2根

调料： 油1碗、老抽1小勺、生抽1大勺、料酒1大勺、盐0.5小勺、糖1大勺

制作方法

1 鸭腿洗净后放入冷水锅中，大火烧开后略煮，捞出、滗干。

2 炒锅倒油烧热，放入鸭腿，大火煎至表皮金黄。

3 放入老抽、生抽、料酒、八角、桂皮、葱粒、姜片，倒入开水没过鸭肉。

4 大火煮开后，改小火45分钟，加盐、糖调味，再改大火收汁后关火盛出。

5 将鸭腿肉盛入烤盘，放入预热180度的烤箱烤6分钟，鸭皮变脆后取出切块。

6 在汆烫过的油菜和米饭中，摆放上烤好的鸭腿，淋上烧鸭腿的汤汁即可。

粤式烧鸭怎么做才皮酥肉嫩？

鸭肉先炸再烤，能突出香脆的口感。过油炸时要用大火，去掉鸭肉中的水分，然后再加酱油，小火烧制，可使鸭肉酥脆入味。如果用上下火功能的烤箱，可将鸭皮向上摆放，靠近上火，将鸭皮烤酥。

小·鸡炖蘑菇面

材料： 干香菇4朵、茶树菇1小把、大葱1段、姜1块、香葱1根、三黄鸡1/4只、花椒1小勺、八角2颗、手擀面1把（约150g）

调料： 油2大勺、酱油3大勺、白酒1大勺、陈醋1大勺、白糖1大勺、盐2小勺、清水2碗

🍳 初级难度　⏱ 55分钟　🥢 2人份

小鸡炖蘑菇怎么做才汤鲜肉嫩?

小鸡炖蘑菇汤鲜肉嫩的秘诀有二:蘑菇要用冷水泡软,菇味才不会损失,留存泡蘑菇水炖鸡时使用,可使鸡肉与蘑菇味融合,味道更加香浓;炖鸡时,小火慢煮,方能炖出浓浓的鸡香味。

制作方法

1 干香菇洗净、泡软、去蒂,香菇水留用;茶树菇洗净、去蒂,切段。

2 大葱洗净、去皮,切段;姜洗净,切片;香葱洗净,切葱花,备用。

3 三黄鸡洗净,切块,放入冷水煮沸,焯烫至变色,去除血沫,捞出、滗干、备用。

4 炒锅烧热,加2大勺油,下入葱姜、花椒、大料,大火爆香。

5 接着放入鸡块煸炒,炒至释放出香味。

6 将鸡块、干香菇、茶树菇、泡菇水和其余调料放入高压锅。

7 密封高压锅盖,焖煮20分钟后,排气、开盖,盛出鸡肉蘑菇。

8 最后,煮锅中加水烧开,下入面条煮2分钟,至面熟透,捞出。

9 将鸡肉蘑菇连汤带肉倒入面碗中,撒上香葱花,即可。

鸡肉消化率高，很容易被人体吸收利用。

鸡肉中含有维生素C、维生素E、蛋白质等营养成分；

鸡肉中含有的卵磷脂，具有促进人体生长发育、调节身体机能的功能，

多食鸡肉对怕冷、虚弱等症状有很好的食补功效。

🍚 中级难度　⏱ 30分钟　🍜 1人份

馋嘴鸡丝面

材料： 手切面1把（约150g）、鸡胸肉1块（约100g）、蒜2瓣、大葱1段、姜1块、黄瓜1根、花生碎1大勺、熟白芝麻1大勺

调料： 香油1小勺、盐1小勺、糖0.5小勺、油4大勺、辣椒粉1大勺

调味汁： 豉油1大勺、酱油1小勺、盐1小勺、糖1.5小勺、花椒粉1小勺、醋2大勺

鸡肉怎么煮吃起来才不柴?

鸡肉很容易熟，煮制时间不用太久。锅中加水，放入鸡肉大火煮2分钟，水快煮沸时，关火，利用余温使鸡肉慢慢焖20分钟，捞出，鸡肉表面会有汁水渗出，这样煮好的鸡肉，肉质细嫩，食用时口感鲜而不柴。

制作方法

1 蒸锅大火加热，冒出蒸气后，放入手切面，蒸制8分钟，蒸面水留用。

2 将蒸好的面放入凉开水中，浸泡5分钟，捞出，淋入香油拌匀，备用。

3 蒸面水中加入调料中的盐、糖，放入鸡肉，大火煮2分钟后关火，焖4分钟。

4 将鸡胸肉取出、放凉，撕成细长的鸡丝，备用。

5 蒜去皮，切末；大葱、姜分别洗净、去皮，切末；黄瓜洗净，切丝。

6 锅中加4大勺油，中火烧热后，倒入盛有辣椒粉的碗中，炝香，做成辣椒油。

7 将辣椒油、蒜末、姜末、花生碎、白芝麻与所有调味汁混合拌匀。

8 将蒸好的面条放入盘中，摆上切好的黄瓜丝、鸡丝。

9 将步骤7的料汁淋入碗中，撒上葱末拌匀，即可食用。

酸萝卜老鸭面

材料： 大葱1段、姜1块、香葱2根、老鸭半只、八角2颗、花椒1小勺、开水5碗、酸萝卜1包、细拉面1份（约150g）

调料： 料酒2大勺、盐1小勺、香油1小勺

制作方法

① 大葱去皮，切段；姜去皮、洗净，切片；香葱去皮、洗净，切葱花。

② 将老鸭剁成约2.5cm见方的小块后，冲洗干净，放入煮锅。

③ 锅中倒入没过鸭块的清水，大火煮开后，撇去血沫，捞出，洗净。

④ 将鸭块、八角、花椒、葱段和姜片放入锅中，倒入开水，大火煮沸。

⑤ 接着转小火，淋入料酒，加盖，炖煮约1个小时。

⑥ 1个小时后，开盖，加入酸萝卜块，小火继续再煮半小时。

⑦ 煮好后，加入1小勺盐调味，酸萝卜老鸭汤就做好了。

⑧ 从锅中取适量的老鸭汤入煮锅中，大火加热至沸腾，放入拉面煮熟。

⑨ 食用前，淋入香油、撒上葱花，放上鸭肉块，即可。

鸭肉的营养价值与鸡肉相似，
但更适用于体内有热、上火的人食用；
鸭肉中还含有丰富的蛋白质，而且消化率高，很容易被人体吸收。

🍳 中级难度　🕐 1 小时 50 分钟　🍜 3 人份

滋补暖身的鸡鸭 汤煲

香菇炖鸡汤、花生凤爪汤……
姜母老鸭汤、双菇滚鸭汤……
寒冷的冬季，喝一碗热气腾腾的鸡鸭老汤，
就像回到了母亲温暖的怀抱！

花生凤爪汤

茶树菇
老鸭汤

把鸭肉同茶树菇一起煮汤食用，能增强体质，增加身体对癌症的抵抗力。

香菇炖鸡汤

材料： 葱1段、姜1块、干红枣5颗、干香菇5朵、枸杞1大勺、三黄鸡1只、清水6碗

调料： 料酒1大勺、盐2小勺、白糖1小勺

制作方法

1 葱洗净，切成葱段；姜洗净，切片；干红枣去掉小蒂，浸泡10分钟。

2 干香菇、枸杞均洗净，分别在水中浸泡10分钟，完全泡发。

3 三黄鸡洗净，放入沸水中，加入料酒，焯烫去腥，捞出、洗净。

4 将焯烫过的三黄鸡重新放入煮锅中，倒入6碗清水。

5 把葱姜、香菇、干红枣放入锅内，盖上锅盖，大火煮沸后，打开锅盖，转小火，倒入枸杞，继续煮30分钟。

6 最后，加入盐和糖调味，搅拌均匀，盛出即可。

香菇鸡汤怎么做才清香不腻？

煮鸡汤前，先将三黄鸡加料酒，用滚水焯烫，可以去除鸡身上的腥味，使煮出的汤清香而无异味；用香菇煮汤，除了可以增添特殊的风味外，香菇还可以吸收一部分油脂，使熬出的鸡汤不至于太油腻。

中级难度　　⏱ 1 小时　　🍚 2 人份

花生凤爪汤

材料： 花生半碗、姜1块、红枣5颗、鸡爪5根、开水4碗

调料： 油2大勺、料酒1大勺、盐1小勺、糖1小勺、白胡椒粉0.5小勺

制作方法

① 花生米用温水泡软，洗净，滗干；姜洗净，切丝；红枣洗净，备用。

② 鸡爪洗净，切去指甲、剁成段状，放入沸水中焯烫至熟，洗去浮沫，备用。

③ 锅中倒油烧热，先放入姜片，中火炒香，再倒入鸡爪，倒入料酒翻炒去腥。

④ 然后倒入开水，撒入盐调味。

⑤ 用大火煮沸10分钟，放入花生米、红枣，转小火再煮20分钟。

⑥ 最后，撇去浮沫，撒入糖、白胡椒粉，即可食用。

花生凤爪汤怎么做才汤稠味浓？

凤爪略腥，熬汤前要先焯烫再煸炒，以去除腥味，焯烫时要冷水下锅，随着水温慢慢升高，腥味就逐渐去除了；煮汤过程中，凤爪要用小火慢慢煨，使其中的胶原蛋白融入汤中，如此才能熬出鲜美的浓汤。

中级难度　　30分钟　　2人份

牛奶地瓜炖鸡汤

材料： 红枣6颗、姜1块、地瓜1个、鸡腿2只、鲜奶5包

调料： 盐1小勺、糖1小勺

🍲 初级难度　⏱ 1 小时 30 分钟　🥣 2 人份

牛奶含有丰富的蛋白质、钙、铁等矿物质和多种维生素，
能补气养血、润泽肌肤，还有保护胃壁的作用。
鸡肉与它异曲同工，一起炖食更为滋补，不仅补充人体所需营养，
更是保持身材、养颜美容的佳选。

制作方法

1 红枣洗净、浸泡20分钟；姜去皮，切片；地瓜去皮、洗净，切块，备用。

2 鸡腿洗净，切块。

3 锅中倒入冷水，放入鸡腿块，大火煮沸后，焯烫至鸡肉变色后捞出。

4 将烫过的鸡肉放入冷水中浸泡，去除鸡肉表面鸡油。

5 另起一炖锅，倒入牛奶，放入鸡肉、红枣、姜片、地瓜。

6 大火煮开后，转小火炖1小时，出锅前加盐、糖调味即可。

牛奶地瓜炖鸡怎么做才奶香汤醇？

炖汤的鸡肉一定要经过焯烫，去除腥味，保证汤品自然清香；牛奶、地瓜和鸡肉一起炖时，一定要用小火慢慢地煨，随着汤的温度上升，牛奶的香味和地瓜的清香会逐渐被鸡肉吸收，使鸡肉也变得好吃。

鸡汤营养丰富，凡大病初愈、女性产后都会用鸡汤来滋补身体。
现代研究发现，鸡汤可以促进呼吸系统的循环，
刺激分泌呼吸道内的黏液，起到清除细菌、病毒的效果，
对咳嗽、喉咙痛等症状，有预防和改善的作用。

中级难度　　1小时30分钟　　1人份

三鲜鸡汤

材料：葱白1段、姜1块、山楂5颗、红枣5颗、干黑木耳3朵、鹌鹑蛋5个、鸡腿1只、
　　　　清水6碗、火腿3片

调料：料酒1大勺、食盐2小勺

三鲜鸡汤怎么做才清香味鲜?

生鸡肉略带腥味，需提前焯水去腥。焯水时，淋入少许料酒，借助酒精挥发的作用，消除鸡肉的腥气，如果不去腥，生鸡肉的腥味会遮盖其他食材的清香味，影响汤品口味。

制作方法

① 葱白洗净，切段；姜洗净，切片。

② 山楂、红枣洗净；干黑木耳泡发、洗净，撕成小片。

③ 将鹌鹑蛋放入滚水，煮熟、捞出、去壳、洗净，备用。

④ 鸡腿洗净，切块，放入清水中浸泡，去除血水。

⑤ 鸡腿放入砂锅中，倒水，加入料酒。

⑥ 开大火煮沸，去除腥味，然后将鸡腿捞入砂锅。

⑦ 砂锅中加水，放入红枣、葱姜。

⑧ 放入鹌鹑蛋、山楂、火腿、木耳，转成大火煮开。

⑨ 煮开后，加盐调味，再转小火煮1小时，盛出即可。

花菇炖鸡汤

材料： 青笋1段、葱白1段、姜1块、花菇5朵、鸡腿2只、花椒15粒、八角2颗、小茴香1小勺、葱丝1小勺

调料： 猪油1小勺、黄酒2大勺、盐2小勺

🍲 初级难度　🕐 1小时 20 分钟　🥢 2 人份

花菇炖鸡汤怎么做才能清香味美？

该炖品的肉嫩、味美、营养，制作过程简单，仅用清汤炖制而成，保留了鸡肉和花菇的原汁原味，也可加入青笋等新鲜食材用来提鲜。所以，在炖汤前对鸡肉的处理要求高，必须焯水去腥。

制作方法

1 青笋去皮、洗净，切片；葱白洗净，切小段；姜去皮，切片，备用。

2 花菇提前泡发，挤干水分，泡花菇的水留用。

3 鸡腿浸泡洗净，切成小块。

4 锅中加入冷水，放入鸡肉块，大火烧沸，撇去浮沫，变色后捞出。

5 锅内放入花菇、葱段、姜片、花椒、八角、小茴香。

6 加入温水和泡花菇的水，没过食材。

7 然后放入猪油、黄酒，大火烧开后，转小火炖50分钟。

8 鸡汤炖好后，放入青笋片、盐，转大火烧开。

9 最后，再煮3分钟后，撒入葱丝即可。

陈皮老鸭汤

材料: 陈皮2大勺、竹荪1个、大葱1段、姜1块、冬瓜半斤、腊肉1块、
猪里脊肉1块（约50g）、鸭子半只、清水10碗

调料: 米酒2大勺、盐2小勺、糖1小勺、胡椒粉0.5小勺

制作方法

1 将陈皮、竹荪洗净，浸泡10分钟。

2 大葱洗净，切段；姜洗净，切片；冬瓜去皮，切块；腊肉切块。

3 剔除猪里脊肉筋膜，切成条状、焯水、捞出、洗净、滗干，备用。

4 鸭子去除内脏、洗净，切块，放入清水浸泡20分钟。

5 鸭块焯水、撇去浮沫、捞出。

6 用流水冲洗鸭块表面的残余浮沫。

7 锅内加10碗水，放入鸭块、陈皮、猪里脊块、姜片、竹荪。

8 倒入腊肉，淋入米酒，用大火煮开后，转成小火，炖煮60分钟。

9 最后，放入冬瓜，继续炖煮20分钟，撒入盐、糖、胡椒粉调味，即可。

鸭皮布满细毛，不易清理，煮汤前剥去鸭皮，
可使煮出的汤不油腻，容易入味；
冬瓜吸油，与鸭肉同煮，可以吸收鸭汤里部分油腻，
使煮出的汤更加清爽。

🍲 中级难度　🕐 2 小时　🥣 4 人份

中级难度　1小时　3人份

姜母老鸭汤

材料： 鸭子半只、姜1块，当归、党参、黄芪、川芎、南姜、良姜、枸杞各适量，红枣8颗

调料： 黑麻油3大勺、香油1大勺、料酒3大勺、盐1小勺、糖2小勺、生抽1大勺、米酒1大勺

香辛料： 八角1颗、香叶2片、桂皮1块、丁香1根、草果1颗

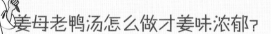

姜母老鸭汤怎么做才姜味浓郁?

做姜母鸭前，要先用黑麻油和香油爆香姜片，只有将姜片彻底爆香，才能使姜味渗入鸭肉和底汤中，使味道浓郁。烧黑麻油时，必须用小火，若用大火烧热黑麻油，会使黑麻油发苦，影响底汤味道。

鸭肉属于凉性食物，经常食用可以补虚、滋阴、清热、养胃，
是家常养生食补的好食材。
与姜一起炖煮的鸭肉，由于姜的温热性质中和了部分鸭肉的寒冷之气，
就算体质寒凉的人也可以放心食用。

制作方法

1 将鸭子洗净，放入冷水浸泡10分钟，去除血污。

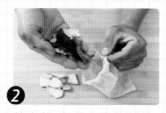

2 姜洗净，切片；将中药材和香料装入纱布袋中，封紧袋口，制成香料包。

3 锅中放入黑麻油、香油，加入姜片，小火煸炒出香。

4 放入鸭子，加入1大勺料酒，煸炒至鸭肉变色，水分收干。

5 将炒好的鸭子、香料包一起放入高压锅中。

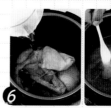

6 加入清水没过鸭子，再加盐、糖调味。

7 再加入生抽和其余料酒，中火焖煮20分钟。

8 将煮好的鸭肉和汤倒入火锅中，加入红枣，再用小火炖15分钟。

9 最后淋入米酒，提味后，即可搭配其他涮菜食用。

砂锅冬瓜鸭煲汤

材料： 鸭子半只、冬瓜1块、木耳4朵、香菜1根、姜5片、枸杞10粒

调料： 油4大勺、盐2小勺、料酒1大勺、醋1大勺、白胡椒粉1小勺

制作方法

1 鸭肉洗净，切块，放入冷水锅中，大火煮开，焯烫变色后捞出。

2 锅中倒油烧热，煎烤鸭块至表皮金脆，将煎出的油倒掉。

3 冬瓜洗净，切块；木耳泡发后焯水；香菜洗净，切碎。

4 将煎过的鸭肉和姜片、枸杞放入砂锅，加入其余所有调料。

5 然后倒入热水，大火煮开后，改小火炖1小时，炖至鸭肉软烂。

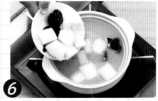

6 再放冬瓜和木耳，中火炖至冬瓜变软，撒上香菜，即可起锅。

砂锅冬瓜鸭煲汤怎样做更有营养？

为了使鸭肉的营养成分充分融入汤中，并将鸭肉炖熟，鸭肉炖煮的时间至少应40分钟，若达2小时效果更佳。冬瓜、木耳作为鲜味食材应在最后放，一来提升汤的鲜味，二来可以减少维生素C的流失。

冬瓜富含维生素 C，且高钾盐和低钠盐的成分，
具有消水肿而不伤正气的特性。
鸭肉性寒，也具有利水消肿之功效。

2小时　2人份

茶树菇老鸭汤

材料： 老鸭半只、茶树菇1把、姜5片、开水4碗、枸杞10粒

调料： 盐1小勺

制作方法

1 老鸭洗净，改刀切块。

2 锅中倒入冷水，放入切好的鸭块，大火加热，将鸭肉焯至变色，捞出。

3 茶树菇洗净，用温水浸泡15分钟。

4 将鸭块、茶树菇、姜片一起放入砂锅中。

5 往锅中放入开水，大火煮开后，盖上盖子，继续小火再熬1个小时。

6 关火前10分钟，将枸杞放入汤中，加盐调味即可。

茶树菇老鸭汤怎么做才能汤汁香浓？

老鸭有股腥气，在焯水的时候，可以加入适量料酒，去除腥气，这样烹制出的汤汁才会香浓无异味。而在加入茶树菇时，一定要将茶树菇中的水分尽量攥干挤出，别把泡发茶树菇的水都带入汤中，以免影响汤的味道。

> 蘑菇有很强的补阴滋润效果，
> 益肺气养肺阴，
> 与鸭肉一同煲汤不燥不腻，
> 不但可加强养肺效果，
> 而且还可以消除鸭肉的油腻感，
> 并降低胆固醇。

双菇滚鸭汤

材料：平菇2朵、杏鲍菇1朵、鸭子半只、
　　　枸杞10粒

调料：白胡椒粉2小勺、盐2小勺

🍲 中级难度　🕐 1小时30分钟　🍜 2人份

制作方法

1 平菇和杏鲍菇用清水浸泡30分钟，洗净、滗干。

2 鸭子洗净，改刀切块。

3 锅中倒入冷水，放入切好的鸭子，大火烧热，焯至变色，捞出。

4 将焯烫好的鸭肉再次放入煮锅，加入足量的开水，大火煮开后，加盖小火炖1小时。

5 将平菇、杏鲍菇、枸杞都放入炖好的鸭汤中，盖上锅盖，大火煮10分钟。

6 放入适量的白胡椒粉和盐拌匀，即可关火。

124